Cocaïne

Cocaïne : la poudre de l'ennui

Inspiré de la série documentaire *Vice caché*

avec la collaboration spéciale de Jacques Beaulieu

Catalogage avant publication de Bibliothèque et Archives Canada
Beaulieu, Jacques, 1948-
Cocaïne : la poudre de l'ennui
(Vice caché)
Comprend des réf. bibliogr.
ISBN-13 : 978-2-89562-161-4
ISBN-10 : 2-89562-161-6
1. Cocaïne. 2. Cocaïnomanie – Prévention. 3. Cocaïnomanie – Traitement. I. Titre. II. Collection.
HV5810.B42 2006 362.29'8 C2006-941189-1

Éditrice : Annie Tonneau
Révision linguistique : Corinne De Vailly
Mise en pages : Édiscript
Graphisme de la couverture : Losmoz

Remerciements
Les Éditions Publistar reconnaissent l'aide financière du gouvernement du Canada par l'entremise du Programme d'aide au développement de l'industrie de l'édition (PADIÉ) pour ses activités d'édition. Nous remercions la Société de développement des entreprises culturelles du Québec (SODEC) du soutien accordé à notre programme de publication. Gouvernement du Québec – Programme de crédit d'impôt pour l'édition de livres – gestion SODEC.

Les Éditions Publistar
7, chemin Bates, Outremont (Québec) H2V 4V7
Téléphone : 514 849-5259
Télécopieur : 514 270-3515

Distribution au Canada
Messageries ADP
2315, rue de la Province
Longueuil (Québec) J4G 1G4
Téléphone : 450 640-1234
Sans frais : 1 800 771-3022

Dépôt légal – Bibliothèque et Archives nationales du Québec, 2006
ISBN-10 : 2-89562-161-6
ISBN-13 : 978-2-89562-161-4

Table

Préface

Ce n'est plus un secret pour personne, il y a plusieurs années, j'ai été personnellement touchée par la cocaïnomanie, et cela consitue la raison fondamentale de mon engagement dans cette cause qui me tient particulièrement à cœur.

Les statistiques ne sont guère rassurantes à propos du nombre de personnes dépendantes. Toutefois, celles qui sont aux prises avec la maladie doivent savoir que l'on peut s'en sortir. L'espoir est là… et la main tendue aussi.

Le cas vécu à la base de cet ouvrage est émouvant, mais est aussi source d'inspiration. Je suis particulièrement touchée par le programme mère-enfant du centre Le Portage. J'aurais tellement aimé pouvoir en bénéficier à l'époque. Ce programme est une grande source de motivation pour ceux qui ont la chance d'en bénéficier. Pour ma part, j'ai pu profiter de l'accueil, de l'expérience et de l'appui de la

Maisonnée Paulette-Guinois (autrefois Maisonnée d'Oka) et de la Maisonnée de Laval, et je les en remercie.

Ce livre est une formidable source de renseignements pour ceux dont les proches sont atteints de cette maladie et qui ne savent plus à quel saint se vouer.

Il permettra à tous ceux que le sujet intéresse de trouver à la fois des données scientifiques et pratiques tant sur le plan de la maladie que sur le plan de la psychologie du consommateur. Car, on le sait, l'entourage est souvent totalement dépassé par la cocaïnomanie, ne sait pas quoi faire, parce qu'en fait il ne comprend pas.

Cet ouvrage s'adresse donc directement aux gens qui veulent être une main tendue... parce que ça vaut la peine d'essayer. J'en suis une preuve vivante depuis plus de vingt ans.

Voici un livre de référence utile et nécessaire, parce que le toxicomane, par sa folie et son autodestruction, nous force aussi à prendre conscience des maux de la société dans laquelle il tente de vivre ou plutôt de survivre.

FRANCE CASTEL

Avant-propos

Des mots qui pleurent et des larmes qui parlent.
ABRAHAM COWLEY

« J'ai encore des gros sentiments de culpabilité envers mes enfants et je suis sobre depuis 20 ans. Mais si ça peut te donner un espoir, je n'en ai plus de *craving*[1], plus du tout. Et je ne porte plus de jugements sur ce qui m'est arrivé, jamais plus. Jamais je n'aurais cru ça de ma vie. Je te parle de toxicomane à toxicomane, j'ai jamais, jamais de *craving*. Ça va faire au moins 15 ans que je n'en ai plus. J'aurais pas cru que c'était possible. Puis, j'ai quand même accès à ma folie, moi qui pensais qu'il fallait que je m'éteigne, que je devienne plate parce que tout était danger. Je peux te dire que non, je suis folle

1. Pour un toxicomane, comme pour un fumeur, il s'agit d'une rage, d'un besoin urgent de consommer.

et toute cette démesure qui est au fond de moi, il y a un héritage là-dedans et je peux m'en servir. J'ai appris à réapprivoiser les sensations. »

France Castel, animatrice,
comédienne et chanteuse[2]

2. Extrait de l'émission *Vice caché*, SRCom Média.

Introduction

> Toute société qui prétend assurer aux hommes la liberté doit commencer par leur garantir l'existence.
>
> LÉON BLUM

Aujourd'hui, on ne parle plus de *sourd*, on dit un *malentendant*, un aveugle est devenu un *non-voyant* et le prisonnier s'appelle désormais un *bénéficiaire carcéral*. Le mot doit maintenant éviter tout heurt, il doit s'habiller de dentelles ou mettre des gants blancs. J'ai longtemps hésité avant de me mettre à l'écriture de cet ouvrage. Pas par peur des mots, depuis une dizaine d'années, j'ai écrit près de 25 livres traitant surtout de divers problèmes de santé. De la maladie d'Alzheimer à l'obésité, en passant par le cancer du sein, je me suis habitué à parler de prévention, de maladies et de traitements. Voilà pourtant aussi un vocabulaire qu'on utilise en toxicomanie… Je devrais donc me sentir en pays de connaissance. Puis, j'ai visionné les émissions de la série *Vice caché*, j'ai écouté les témoignages, j'ai été ému et je me suis mis à l'écriture. Durant les six derniers mois, j'ai recommencé au moins 12 fois cet exercice et chaque fois, je débouchais sur un cul-de-sac. J'ai alors compris qu'il fallait que je m'y prenne différemment pour finalement en arriver à ce que vous tenez entre vos mains aujourd'hui.

Un mal social

Bien sûr, il faut parler de prévention, de maladie et de traitements. Mais à ceci s'ajoute la dimension sociale. Les toxicomanes, les alcooliques, les joueurs compulsifs nous interpellent, car ils nous forcent, en quelque sorte, à prendre conscience des erreurs graves que notre société commet allègrement. Le vice réside-t-il dans la consommation de la cocaïne ou dans l'apprentissage à vivre dans une société de consommation ?

Apprenez à consommer

À l'enfant sage, le père Noël apportera des cadeaux. L'adulte qui ne croit plus au père Noël verra récompenser en lui le bon travailleur, par des augmentations de salaire ou des bonis qui lui permettront de consommer plus. Les agences de publicité font assaut de créativité pour nous vendre des biens de consommation qui nous garantissent le bonheur, du cinéma-maison aux voyages exotiques en passant par les MP3 et même l'ordinateur avec lequel j'écris présentement. Consommons, et si nous sommes encore malheureux – car plusieurs, il me semble, le sont encore –, trouvons d'autres moyens de retrouver le bonheur perdu. Certains consommeront des religions. Nous avons vu des grands acteurs américains à la recherche de la vérité y enfouir une bonne partie de leur fortune. Autrefois ici même, au Québec, on payait le dixième de notre salaire (la dîme) à l'Église pour nous fournir des prêtres qui absolvaient nos péchés et nous conseillaient pour adopter les voies de Dieu pourtant impénétrables. Pour trouver la joie de vivre, d'autres consomment de la médecine en pilule ou en thérapie. Psychologues, psychiatres, travailleurs sociaux et travailleurs de rue ont remplacé le curé de campagne. Il y en a d'autres qui ouvriront leur portefeuille à la surconsommation matérielle pour effacer leur mal à l'âme. Ce sont les hyper branchés qui ont tous les gadgets offerts sur le marché. D'autres enfin posséderont 200 paires de chaussures, autant de pantalons et de chemises et cacheront leur tristesse dans une garde-robe dernier cri.

Et pour les autres...

Néanmoins, cette panoplie d'objets consommables ne convient pas à tous les individus de la société. Certains n'accrochent pas au mode de vie prônée par notre société industrialisée. Ceux-là se voient forcer de chercher ailleurs le remède à leur manque de bonheur. Et en « bonne maman attentive », notre société leur fournira l'occasion de jouer au casino, de s'acheter de l'alcool ou encore de se procurer de la cocaïne. Et, en ce qui concerne cette dernière, elle se couvrira d'un voile de sainteté en la déclarant illégale. Pourtant, elle tire de grands profits de la vente légale de l'alcool, un compagnon quasi omniprésent de la cocaïne, sans compter tous les profits qu'elle tire des vendeurs mêmes de ces substances, qui dépensent leurs profits en achetant des biens et des services taxés. Le revendeur de cocaïne qui se promène dans son Hummer de l'année a payé plus de 15 000 dollars en taxes à l'achat de son véhicule et sans compter l'essence pour le faire rouler. La consommation devient à la fois le moteur et l'objectif de la société. Le toxicomane rappelle au chef d'entreprise, ou à la personne déprimée, que sa consommation lui apporte de courts instants de bonheur, moments d'euphorie entrecoupés d'un sentiment de manque qu'il tentera de combler en consommant de nouveau.

L'approche

Lorsque la consommation devient un handicap qui empêche de se comporter de façon autonome et logique dans notre société, elle doit être approchée de la même façon qu'une maladie. Dans la maladie, on identifie habituellement quatre facteurs: le bagage héréditaire, les conditions de développement, l'environnement et le mode de vie. De plus, ces facteurs sont interreliés, si bien que l'un deux peut influer sur l'autre. Prenons un exemple médical relativement simple à comprendre.

L'exemple du diabète

Un enfant, appelons-le Jean, qui naît dans une famille où le père et la mère sont diabétiques a plus de risques de développer la maladie qu'un autre dont les parents en sont exempts. Le facteur héréditaire est relativement simple à comprendre ici. Si, dans la famille de Jean, les parents aiment bien les boissons gazeuses et les confiseries et en achètent constamment, Jean apprendra à développer son goût pour les mets sucrés, ce qui n'est pas la meilleure des situations quand on a des prédispositions au diabète. Supposons maintenant que notre Jean devienne obèse à l'adolescence (ce qui ne serait finalement pas si étonnant, étant donné son alimentation riche en gras et en sucre). Il ne sera certainement pas le genre «beau gars» qui attire les filles. Jean commence alors à prendre une bière, puis quelques autres. Il devient le boute-en-train du groupe. Dès lors, il adopte un mode de vie qui favorise encore plus l'émergence de son diabète, si bien qu'à 30 ans il est franchement obèse et diabétique. Ce sera bien difficile pour lui de redevenir un jeune homme en bonne santé: son hérédité, son développement et son mode de vie l'ont lourdement handicapé.

L'approche de Jean

Évidemment, Jean peut se dire que la vie a été bien injuste envers lui. Il peut se convaincre qu'une hérédité déficiente et un développement dans une famille qui lui a appris à mal se nourrir sont responsables de son obésité. Maladie qui l'a conduit vers l'alcoolisme et qui a provoqué son diabète. Et il aura raison. S'il est assez intelligent, il pourra même convaincre sa conjointe, ses parents et ses amis de sa totale innocence dans le triste sort que lui a réservé la vie. Il est vrai qu'il n'a choisi ni son hérédité ni le milieu dans lequel il a grandi. Il est vrai qu'il peut trouver de la bière à tous les coins de rue. Il est vrai que les agences de publicité vantent les mérites de la bière cent fois par jour dans les médias.

Mais pour une raison qui sera la sienne, il pourra décider de passer à l'action. Ce pourra être parce qu'il est fatigué de se retrouver constamment à l'hôpital, ou parce qu'il n'aime pas s'injecter chaque jour de l'insuline, ou encore parce qu'il n'a plus d'amis ou pour tout autre motif. Mais il pourra une bonne fois pour toutes décider d'agir sur une chose sur laquelle il a le plein pouvoir: son mode de vie. Ce ne sera pas facile. Pour espérer se débarrasser de son obésité et de son diabète, il devra renoncer à une multitude de biens de consommation qui lui apportaient le bonheur jusqu'à ce jour: de l'alcool et de la nourriture en abondance. Il devra aussi renoncer probablement à tous ceux qu'il fréquentait jusque-là et qui partageaient ses soirées de beuverie. De plus, il devra se mettre à l'exercice physique intense, lui qui prenait son automobile pour se rendre au supermarché du coin. Il devra suer, peiner et s'entraîner pour perdre sa centaine de livres en trop. Oui, ce sera très difficile, mais ce sera possible.

Et la cocaïne?

Le lecteur intelligent que vous êtes a déjà compris que les facteurs dont nous avons parlé dans l'histoire de Jean risquent fort d'être les mêmes pour de nombreux cocaïnomanes. Certains ont eu des parents alcooliques ou toxicomanes, ou les deux à la fois. D'autres ont vécu dans des milieux familiaux dysfonctionnels. Certains ont connu la voie des familles d'accueil à répétition. On ne peut donc pas parler d'un milieu de développement favorable.

Dès l'âge de 12 ans, Nathalie, dont nous suivrons l'histoire dans ce livre, apprend que la cocaïne l'aide à amorcer des relations sexuelles, ce qui la rend très populaire auprès de la gent masculine. Lisons plutôt ici le témoignage qu'elle donne à la fin de sa thérapie au centre Le Portage :

J'étais assise là, je me demandais dans quoi je m'étais embarquée. Je n'avais jamais pensé qu'une place comme ça existait. Avant que j'aie eu mon accident. C'était un grand mal pour un bien. Parce que j'avais besoin d'aide et que je ne savais pas où aller. J'avais peur de le dire. J'avais peur de perdre mon fils et à la suite de l'accident, la DPJ est entrée dans ma vie et en dedans d'une semaine je me suis retrouvée ici. Je ne croyais plus en rien. J'avais besoin que quelqu'un croit en moi. Tranquillement pas vite, ça a semé la confiance. Maintenant après 11 mois de thérapie, j'y crois. J'étais une personne qui était très isolée. J'étais dans ma bulle avec mon petit. On me disait antisociale. J'avais de la misère à parler. Je ne pensais pas que j'étais digne d'être aimée, de me faire des vraies amies. Je ne pensais pas que je pouvais vivre à jeun. J'avais vraiment besoin d'être encadrée, de me faire guider, de me faire tenir la main et de me faire montrer quoi faire. Je n'en reviens pas que je sois rendue là aujourd'hui. Je suis très satisfaite de ma thérapie.

Aujourd'hui, je me sens tellement plus grande que lorsque je suis arrivée, quand je me sentais toute petite. Ma plus grosse peur en sortant, c'est ma dépendance affective. Quand je pense qu'une relation puisse être négative pour moi, ma tendance est d'aller vérifier quand même au lieu de m'abstenir. Ce sera mon signal d'avertissement Danger. Ça m'arrive des fois que j'ai des craving. *Alors je recule la cassette et je vois que ça, c'était l'avant, puis le pendant et l'après. Alors je me ressaisis et je me dis que je ne consomme plus, que tel est mon choix et le* craving *passe. J'apprends à ne pas vivre dessus et à ne pas me laisser avoir par le* craving. *J'apprends à vivre avec sans retomber. Aussi, quand ça m'arrive, je me demande quel sentiment m'assaille qui fait que j'ai ce* craving. *Avant je ne me serais pas posé cette question et je me serais gelée pour ne pas vivre cette émotion. Aujourd'hui, j'apprends à l'identifier et à la vivre.*

Notre premier chapitre portera sur l'histoire de Nathalie. Puis nous aborderons la notion de besoins. L'essentiel et l'accessoire. Nous regarderons ensuite divers aspects de la cocaïnomanie. D'abord, en apprenant à connaître un premier ennemi : la cocaïne. Louangée jadis par nul autre que le célèbre psychiatre Sigmund Freud pour ses vertus thérapeutiques, elle entra même dans la composition du fameux Coca-Cola jusqu'au début du XXe siècle. D'où vient-elle ? Comment agit-elle sur le cerveau? Nous réservons un chapitre à ce sujet.

Puis nous observerons les différentes approches thérapeutiques. Nous profiterons de ce séjour en centre de désintoxication pour nous interroger sur la question des besoins, les vrais et les moins vrais.

Finalement, question de boucler la boucle, nous tâterons le pouls de notre société en ce qui concerne la cocaïnomanie. Combien de gens en sont atteints, combien s'en sortent?

Nous avons débuté cet ouvrage en parlant d'une conséquence sociale appelée consommation, il est logique de le conclure en examinant jusqu'à quel point la maladie s'est répandue. La consommation, c'est l'avoir. Dans une société qui valorise l'avoir, jusqu'où l'être peut-il être oublié? L'avoir ne nous assure jamais d'être. Tout au plus nous permet-il de paraître. Je peux paraître riche ou en santé. Je peux paraître heureux. Mais le suis-je vraiment? De là notre citation du début: *Toute société qui prétend assurer aux hommes la liberté doit commencer par leur garantir l'existence.*

Sommes-nous plus heureux dans l'être ou l'avoir? Il est difficile de remettre en question les bases du temple de l'avoir en forçant tous et chacun à définir son espace dans le royaume de la société de consommation. Il est certes plus facile de regarder les toxicomanes comme une minorité d'individus qui ont eu la malchance de naître dans un milieu difficile et qui ont fait les mauvais choix. En d'autres termes, heureusement que nous avons l'occasion de remettre en question les options adoptées par les marginaux plutôt que d'avoir l'obligation de questionner nos choix en tant que société. Il est toujours moins difficile de choisir pour son voisin ce qu'il y a de mieux pour lui.

Chapitre 1

Une histoire vraie

> Dans toutes les larmes s'attarde un espoir.
>
> SIMONE DE BEAUVOIR

Nathalie, aujourd'hui âgée de 31 ans, est arrivée au centre Le Portage en 2003 et était inscrite au Programme mère et enfant. Elle a un fils, Devin, âgé de 6 ans.

Nathalie consommait de la cocaïne, de l'alcool, du «pot» et des Tylenol tous les jours depuis plusieurs années.

À 12 ans, elle consomme de l'alcool pour la première fois. «J'ai trouvé cela cool, je me sentais moins gênée. J'étais acceptée dans mon groupe, je me sentais aimée.» Vers 12-13 ans, elle commence à consommer du pot, et à 14 ans elle passe à la cocaïne et au crack. «Tous les jours, je consommais deux à trois grammes de pot, quatre ou cinq bières et de la cocaïne. Le pot me faisait rire, me calmait d'un trip de cocaïne. En consommant, j'allais chercher un sentiment de pouvoir» dit-elle.

Son enfance

Nathalie habite en Ontario où elle a une enfance difficile. Elle n'a jamais connu son père. De 18 mois jusqu'à 4 ans, elle est abusée sexuellement. «Toute ma jeunesse, je me suis sentie de trop. J'ai développé de la jalousie envers ma sœur parce qu'elle avait un père, je suis devenue agressive envers elle et je la battais.»

Très jeune, elle est placée en familles d'accueil jusqu'à ce que sa mère la reprenne. «Je me suis sentie abandonnée par ma mère. J'avais l'air d'une petite fille forte, mais je pleurais tous les soirs avant de m'endormir».

Lorsque Nathalie a 9 ans, sa mère rencontre un homme dont Nathalie dira: «il a sauvé notre famille». Sa mère s'organise alors une vie plus rangée, se lance en affaires avec son nouveau conjoint.

Son parcours

À 14 ans, Nathalie quitte l'école. «Je me prostituais pour avoir de l'argent pour payer l'alcool et la drogue que je consommais. Je faisais aussi des ménages». Elle habite la plupart du temps chez des hommes qu'elle fréquente et retourne chez sa mère à l'occasion. À 17 ans, elle devient danseuse dans un bar, occupation qu'elle garde pendant un an.

À 18 ans, elle entreprend une première thérapie. Elle abandonne après une semaine. Elle s'installe au Québec et se trouve un travail de *barmaid*. Elle fait la rencontre d'un homme avec qui elle vivra pendant près de deux ans. Elle le quitte parce qu'il est violent. À 20 ans, elle retourne vivre chez ses parents en Ontario. Elle ne travaille pas, continue de consommer. Sa mère tente de l'aider, l'emmène en thérapie. À chaque fois, tout échoue. Comme elle a besoin d'argent pour sa consommation, Nathalie vole de l'argent à ses parents, utilise frauduleusement leurs cartes de crédit. Ils perdent confiance en elle. Nathalie quitte alors sa famille pour vivre à Toronto. Elle a 22 ans. Elle se retrouve dans la rue, se prostitue, consomme surtout du crack et vole. Ses actes criminels la conduisent en prison à trois reprises. Elle devient de plus en plus agressive.

Pendant cette période, ses parents n'ont aucune nouvelle, ils la croient morte. À 23 ans, elle rappelle sa mère en l'implorant de l'aider. «J'étais maigre, je pesais 83 livres. Je retourne vivre chez mes parents. Je me trouve un travail où je m'ennuie. Je les quitte de nouveau, mais cette fois pour Vancouver. Nous sommes en janvier 1999.»

De nouveau, Nathalie se retrouve dans la rue. À ce moment-là, elle fait la connaissance d'un homme qui s'occupe d'elle. Nathalie a 23 ans, lui 38. Il l'aide à suivre une thérapie en Ontario qui échoue une fois de plus. Elle reprend vie commune avec lui dans une maison située à plusieurs kilomètres au nord de Vancouver, en montagne. «Je me rends compte aujourd'hui que c'était sa façon de me garder près de lui.» Nathalie consomme toujours de la cocaïne, du crack, de l'alcool.

En décembre 1999, elle découvre qu'elle est enceinte. «C'était presque un miracle, car les médecins m'avait dit quelques années auparavant que je ne pourrais sans doute pas avoir d'enfant à cause de tous les abus.»

Nathalie avoue: «J'ai honte de dire que j'ai consommé pendant ma grossesse.» Régulièrement, Nathalie fait des aller-retour entre la Colombie-Britannique où elle habite et l'Ontario pour séjourner chez ses parents. Elle accouche en avril 2000 en Colombie-Britannique d'un enfant en bonne santé. «C'est à ce moment-là que j'ai réalisé que j'avais de la chance malgré tout. Mon bébé devient le centre de mon univers. Je le surprotège, je le tiens toujours serré sur moi. D'ailleurs, Devin apprendra à marcher tard.» Nathalie vit alors beaucoup de culpabilité. «J'ai commencé à haïr cette drogue.»

En octobre 2002, elle quitte son conjoint et décide de cesser de consommer de la cocaïne.

Elle s'installe dans la maison de ses parents. Elle vit seule avec son enfant et reçoit des prestations d'aide sociale. « Je bois toujours de l'alcool et je fume du pot. » En mai 2003, elle fait la rencontre d'une fille qui l'incite à reconsommer de la cocaïne. « Je n'avais pas sniffé de la cocaïne depuis un bon moment, j'y reprends goût. » Les semaines qui suivent sont infernales. Nathalie consomme beaucoup, néglige son fils. Elle ne se lève pas le matin pour s'occuper de lui, ne lui prépare pas ses repas.

En août 2003, au moment même où elle pense retourner en Colombie-Britannique, Nathalie est victime d'un grave accident de la route dans les Laurentides. Elle se trouve en compagnie d'une amie et de son fils au moment de l'accident.

Dès cet instant, la DPJ prend en charge l'enfant et oblige Nathalie à suivre une thérapie. « J'avais tellement peur de perdre mon fils, je ne disais pas que j'avais besoin d'aide. Mais l'accident est venu tout changer. La travailleuse sociale contacte le centre Le Portage. Une place au Programme mère et enfant est disponible pour moi. »

À Portage

Nathalie nous avoue : « J'apprends à vivre à Portage. J'apprends les bases de la vie quotidienne, ce que je n'ai jamais connu. À mon arrivée à Portage, je m'isolais. Maintenant, ça va mieux. Je suis fière de me lever le matin et de m'occuper de mon fils. Devin était dans sa bulle au début; il était plutôt agressif. Mais maintenant il va mieux lui aussi, il dort seul, il aime aller à la garderie.»

Nathalie participe aux activités familiales prévues par Le Portage le week-end. «Nous sommes allés aux pommes, voir les citrouilles, assister à des spectacles. J'ai du plaisir à faire ces activités avec lui.»

La thérapie de Nathalie

Le Programme mère et enfant accueille des mères avec leurs petits au pavillon du lac Écho, à Prévost. Capacité maximale: neuf mères. Le centre a une longue liste d'attente.

Les frais de fonctionnement du programme sont couverts par la Fondation André-Chagnon.

Le Portage offre aux mères un programme de thérapie échelonné sur plusieurs mois afin de régler leurs problèmes de dépendance aux drogues, tout en profitant d'un service de garde sur place avec éducatrices spécialisées pour leurs enfants.

Portrait des mères inscrites au programme

La moyenne d'âge des mères inscrites au Portage se situe autour de 27-28 ans. Parmi elles, 95 % élèvent leur enfant seule. La majorité des mères suivent une thérapie pour consommation de cocaïne, d'alcool ou de marijuana. Certaines y sont aussi pour consommation de PCP et de mescaline.

Les mères toxicomanes consomment souvent en cachette craignant que le Directeur de la protection de la jeunesse (DPJ) intervienne et que leur enfant leur soit retiré.

Programme

Les mères suivent un programme identique aux autres résidents mais, en plus, elles bénéficient d'ateliers spécialisés afin de développer leurs habiletés parentales. Elles participent aussi à des ateliers pour femmes afin d'apprendre à s'affirmer dans leurs choix et leurs décisions. On leur offre également des ateliers sur le budget afin de les aider à faire une planification budgétaire.

Dans le Programme mère et enfant, le week-end revêt une importance particulière. Le centre Le Portage organise des activités pour les mères et leurs enfants. Le but étant de leur apprendre à goûter aux plaisirs quotidiens ensemble. Les membres du personnel du centre Le Portage accompagnent les mamans pour aller glisser ou patiner, aller à la piscine, participer à des sorties (comme les quilles ou les visites à la cabane à sucre) ou assister à des spectacles.

Une fois par mois (ou plus souvent, selon l'étape à laquelle en est la mère), le centre leur permet de sortir seule avec leur enfant, pour une activité commune. Parmi ces sorties : aller au cinéma, amener l'enfant au restaurant, etc. Cette activité est permise aux mères dont la thérapie est entreprise depuis assez longtemps.

Une intervenante raconte l'évolution de Nathalie, dépendante à la cocaïne depuis son arrivée au Programme mère et enfant du Portage.

« L'élément déclencheur dans le cas de Nathalie a été l'accident de voiture survenu alors qu'elle avait consommé. La travailleuse sociale a alors fait une évaluation du milieu et a jugé que l'enfant serait placé en foyer d'accueil ou retournerait chez son père à moins que Nathalie commence une thérapie », dit-elle.

Heureusement pour elle, Nathalie avait le profil idéal des participantes à la thérapie et il y avait de la place au Programme mère et enfant. Les premières journées de la thérapie ont été très difficiles pour elle. Elle n'avait jamais quitté son fils, le lien entre eux est très fort. Tous les jours, elle devait le conduire à la garderie. Dans le cas de Nathalie, le plus difficile a sans doute été de s'astreindre à un horaire réglé, serré, routinier, comme l'exige Le Portage.

« Nathalie veut être compétente, elle veut apprendre. C'est une personne très exigeante envers elle-même. Pour bien s'occuper de son fils Devin, elle nous a demandé des livres sur l'éducation des enfants. Elle lit sur le sujet et elle est heureuse d'apprendre. Nathalie n'a pas vécu cela dans son enfance. Elle ne connaissait pas de comptine ou d'histoire à apprendre à son fils», ajoute l'intervenante.

De Jean à Nathalie

Comme nous l'avons souligné, plusieurs similitudes se dégagent entre notre Jean fictif, obèse, alcoolique et diabétique, et Nathalie, cocaïnomane. Tous les deux ont en commun une hérédité déficiente, une jeunesse pendant laquelle ils se sont mal développés et un mode de vie dangereux. Plusieurs autres témoignages permettent d'abonder dans le même sens.

Dans *Portrait des consommateurs de cocaïne contemporains au Québec*[1], l'auteur relate ainsi l'enfance d'Alain, un consommateur de cocaïne assidu, impliqué dans le trafic de drogues et homme de main d'un groupe associé au crime organisé: «Mon père était très violent envers ma mère. À six ans, je l'ai vu fendre la tête de ma mère avec une *crowbar*. J'ai essayé de la défendre, mais mon père m'a fracturé la mâchoire [...] À huit ans, j'ai pris ma première brosse et j'ai fumé du pot. Mon père m'en avait donné pour ma fête [...] Lorsque j'avais neuf ans, ma mère s'est sauvée de

1. Pascal Schneeberger, *Portrait des consommateurs de cocaïne contemporains au Québec*, Comité permanent de lutte à la toxicomanie, MSSSQ, mai 2000, p. 1.

mon père avec nous. Mon père nous a embarrés dans la maison par dehors et il a mis le feu. Ma sœur a été très brûlée [...] Lorsque j'avais dix ans, mon père est venu me chercher à l'école et m'avait fait attendre dans l'auto pendant qu'il allait à la taverne. Il a mangé une volée dans la taverne. Il est revenu et nous avons attendu des heures dans l'auto. Mon père a battu le gars lorsqu'il est sorti. Le gars est tombé sur moi. Il était mort. Mon père l'a entré dans le char et m'a demandé de m'asseoir dessus pour que ça ne paraisse pas. »

Pour Nathalie, le danger est venu de la cocaïne qui a bien failli lui faire perdre son fils, Devin.

Le producteur de la série télévisée dont a été extraite l'expérience de Nathalie m'a informé d'autres moments bien difficiles pour elle. Nathalie a connu des rechutes. Elle a d'abord déménagé de la campagne à Montréal où elle croyait trouver plus de ressources pour elle et son fils. Mais la grande ville est aussi un lieu de tentation très fort, et elle y a connu une seconde rechute. Elle est alors retournée au Portage pour de courts séjours.

Puis elle est retournée vivre à la campagne et a eu un autre bébé. Sa mère dira qu'elle sent que Nathalie est maintenant heureuse et réjouie. Changer son mode de vie est réalisable, mais difficile. C'est un travail à long terme.

Chapitre 2

Les besoins

> Le savant n'est pas l'homme qui fournit les vraies réponses; c'est celui qui pose les vraies questions.
>
> CLAUDE LÉVI-STRAUSS

L'échelle des besoins

Sans nourriture solide, un être humain peut vivre en moyenne un peu plus d'un mois. Sans eau ou autre liquide, il ne peut vivre guère plus de quelques jours; et sans air, ce n'est plus qu'une question de minutes.

Cet exemple nous montre qu'il existe naturellement un ordre dans l'échelle des besoins, ne serait-ce que pour assurer la survie du point de vue biologique. Pourquoi aborder ici cette question? Plusieurs spécialistes croient qu'un individu incapable de combler un besoin cherchera une autre façon de remplir le vide laissé par ce manque. La toxicomanie répond bien à ce type de situation.

Dans le cas de Nathalie, et aussi dans celui d'Alain, nous avons vu combien la satisfaction des besoins de base dans leur jeunesse respective a été déficiente. Il convient donc d'examiner en détail ces besoins et de différencier ceux qui sont essentiels de ceux qui sont accessoires.

La pyramide de Maslow

En 1943, le psychologue Abraham Maslow publie un article intitulé *A Theory of Human Motivation*, dans lequel il classe les besoins humains en six niveaux Cette pyramide servira par la suite de référence à de multiples travaux similaires.

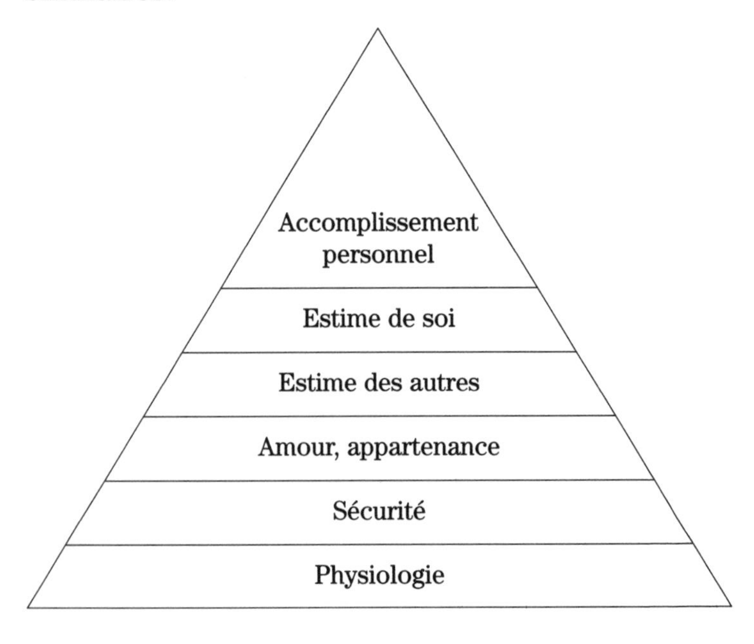

Le principe sous-jacent à cette théorie est que l'être humain a naturellement tendance à satisfaire les besoins d'un niveau avant de chercher à répondre aux besoins du palier supérieur. Ainsi, on chercherait à combler ses besoins physiologiques avant de rechercher la sécurité. Une fois qu'on se sent suffisamment en sécurité, alors on recherche l'appartenance et l'amour, et ainsi de suite.

Avant de discuter comme tel de l'utilité de cette pyramide, examinons chacun de ses paliers.

Les besoins physiologiques

Comme nous en avons déjà parlé plus haut, il s'agit de tous les besoins essentiels à la vie biologique. On pourrait les résumer ainsi :

1. Le besoin d'air
2. Le besoin d'eau et d'aliments
3. Le besoin d'éliminer les déchets
4. Le besoin de dormir
5. Le besoin de se maintenir dans une température viable (ne pas geler ou cuire)
6. Le besoin de procréer

Ces besoins sont marqués par des sensations qui informeront l'individu sur son état physique. Par exemple, la faim nous indique un besoin de nourriture, la soif, un besoin de boire, etc.

Les besoins de sécurité

Une fois les besoins de base satisfaits, l'individu qui tend à améliorer sa situation, à évoluer, devra répondre aux besoins de sécurité. Chacun veut se sentir protégé, par exemple sur le plan de ses revenus et de son emploi. Nous voulons pouvoir sortir de la maison et nous promener librement sans craindre d'être agressés. Nous désirons aussi une certaine sécurité psychologique. Nous espérons et travaillons à maintenir la sécurité familiale et sociale. L'atteinte de ces objectifs permettra aux individus de passer à des réalisations plus gratifiantes sans avoir peur de se retrouver sans emploi, sans revenus, sans amis, etc.

Les besoins d'amour

Ses besoins vitaux étant satisfaits et se sentant en relative sécurité personnelle, l'individu voudra maintenant établir des contacts avec les autres. Il sera prêt à aimer et, de manière plus large, à savoir qu'il appartient à un groupe. Le sentiment d'appartenance est normal, il faut bien le distinguer de celui de dépendance. Dans le premier cas, il y a réciprocité : j'appartiens à un groupe donné en lui rendant service, et en échange le groupe me rend service. En état de dépendance, le dépendant est le seul qui reçoit.

Le besoin de l'estime des autres

Nous avons tous besoin de ressentir l'estime de ceux qui nous entourent. Par exemple, l'employé reçoit un salaire pour le travail qu'il accomplit, cela lui permet de couvrir ses besoins de base, les besoins de sécurité, et cela lui permet en plus d'appartenir à un groupe de travailleurs qu'il fréquente régulièrement. Si le patron veut obtenir le maximum de ses employés, il leur témoignera de l'estime. L'employé qui se sent estimé en fera plus pour continuer à recevoir et accroître cette estime qu'on lui a donnée.

Le besoin d'estime de soi

Si les paliers précédents sont bien satisfaits, l'être humain aura tendance à développer un autre besoin : celui de s'estimer lui-même. Ce faisant, il se libère quelque peu de l'exigence de l'estime des autres. Ainsi, si j'ai écrit suffisamment de livres et qu'à chaque fois mon éditeur m'a montré qu'il avait de l'estime pour mon travail, viendra un jour où, en terminant un livre, je serai fier de moi avant même que d'autres ne lisent ce que j'ai écrit. L'estime de soi est un puissant moteur pour chacun d'entre nous. C'est aussi sur ce plan qu'intervient la notion du respect. Se respecter soi-même, respecter les autres et être respecté par les autres contribue à l'atteinte du bonheur.

L'accomplissement personnel

À ce stade, l'être humain s'est libéré de tout esclavage. Il a développé le goût de faire des efforts, celui d'apprendre et celui de contribuer au mieux-être des siens. En d'autres termes, ce qui aurait pu représenter un travail laborieux devient un défi dans lequel il a hâte de se lancer.

Comme tout modèle, la pyramide de Maslow montre ses limites. L'idée originale était que les besoins d'un palier inférieur soient TOUS satisfaits avant de passer à l'échelon suivant. Dans la vie courante, il arrive souvent d'expérimenter l'inverse. D'ailleurs, plus on s'éloigne de la réalité, plus les paliers s'entremêlent. Ainsi, un toxicomane peut aisément faire fi de ses besoins de base, tant en matière d'alimentation que de sécurité, pour payer sa ligne de coke. Il est plus fréquent de voir un cocaïnomane consacrer l'argent du loyer à sa consommation que l'inverse.

C'est pourquoi il est important de revoir cette fameuse pyramide des besoins. Le toxicomane qui veut changer son mode de vie aura avantage à revoir cette pyramide et à la gravir dans le sens que Maslow lui donnait, du bas vers le haut. Il apprendra ainsi à s'assurer que ses besoins de base sont satisfaits, à atteindre une certaine sécurité avant de rechercher l'appartenance à un groupe. Ce réapprentissage est réalisable et d'autant plus acceptable que l'on a clairement défini les échelons que l'on a atteints et l'ordre des suivants que l'on désire gravir.

Les sociologues (spécialistes qui étudient le mode de fonctionnement de l'homme en société) ont plus récemment proposé une classification simplifiée des besoins selon trois niveaux :

- **Les besoins primaires** sont ceux qui sont essentiels pour assurer sa survie (manger, boire.) Dans quelque société que ce soit, l'individu doit satisfaire ces besoins pour vivre.
- **Les besoins secondaires** sont d'ordres sociaux. Il est impossible de s'en passer si l'on veut vivre dans une société. Parmi ceux-ci, on peut citer, avoir une adresse, des vêtements, se laver, respecter les lois, etc.
- **Les besoins tertiaires** se rapportent à l'individu même. C'est ce qui fera en sorte qu'il se sente bien, soit heureux, soit fier de lui, etc.

Une fois encore, bien des individus ont tendance à vouloir profiter des besoins tertiaires plus rapidement. Ainsi, pour me sentir plus fier de moi, plus sûr de moi, je peux *sniffer une ligne de coke*, rencontrer mes amis et, pendant quelques minutes, passer pour le héros de la soirée. Mais si mes besoins primaires et secondaires ne sont pas satisfaits et que demain je me retrouve sans loyer, sans nourriture et mal vêtu, j'ai un problème. Donc, le toxicomane qui désire changer son mode de vie devra réapprendre à combler ses besoins primaires et secondaires AVANT de s'attaquer à ses besoins tertiaires.

L'un des objectifs des centres de thérapie consiste à préparer les toxicomanes à prendre en main leurs besoins et à y répondre efficacement. Voici d'ailleurs le témoignage d'une intervenante du centre Le Portage lors de la thérapie de Nathalie

« En période de consommation, certains besoins, même de base, n'étaient pas comblés. Même si tu aspires à développer ton estime de soi, tu es toujours stressé, parce que tu n'as rien à manger, ton loyer n'est pas payé et tu te cherches de l'argent pour t'acheter de la coke. Dans le Programme mère et enfant, les femmes apprennent à réorganiser le reste de leur vie, tout en développant leurs liens avec leur enfant. Il existe à l'extérieur du Portage plusieurs moyens pour briser l'isolement, favoriser le sentiment d'appartenance et d'entraide en rencontrant des personnes qui vivent aussi des situations difficiles tout en satisfaisant des besoins de base. L'un de ces moyens est atteint par les cuisines collectives. Les femmes se réunissent pour préparer des repas, élaborer des menus, en tenant compte de l'aspect financier et nutritif, ce qui constitue en soi un excellent apprentissage. Cela permet d'avoir des repas pas chers, nutritifs, selon les normes du guide alimentaire, avec des portions équilibrées. C'est aussi un endroit qui permet de rencontrer des personnes qui n'ont pas nécessairement un problème de consommation et de se créer ainsi un nouveau réseau social. Ça répond donc à deux objectifs: aider à combler les besoins de base et apporter un sentiment d'appartenance à un groupe. Il y a aussi les banques alimentaires qui permettent tout de même de compléter l'aide apportée par l'aide sociale et font au moins baisser le stress de ne pas avoir de bouffe dans le frigo.»

Chapitre 3

La cocaïne

> Connaître, ce n'est point démontrer, ni expliquer. C'est accéder à la vision.
>
> ANTOINE DE SAINT-EXUPÉRY

Des archéologues ont retrouvé des traces de cocaïne dans des tombeaux péruviens datant de 2500 ans avant J.-C. En Bolivie, on a aussi découvert l'illustration, datant de 400 ans avant J.-C., d'un visage humain avec une joue arrondie. Cet ancêtre chiquait simplement une feuille de coca. La coca a été utilisée pour les rituels religieux et initiatiques durant toute l'histoire précolombienne d'Amérique du Sud. Chez les Incas, la feuille de coca était frottée à l'hymen des jeunes vierges pour rendre indolore la défloraison lors du premier rapport sexuel. On l'utilisait aussi en médecine lorsqu'on devait ouvrir la boîte crânienne de l'infortuné opéré. Ses vertus anesthésiantes étaient donc déjà largement utilisées.

On se servait aussi de la feuille de coca pour augmenter l'endurance et diminuer la fatigue. Les conquistadors espagnols voulurent interdire son usage, mais ont vite changé d'idée compte tenu des bénéfices économiques que la vente du produit leur assurait.

Nous ne pouvons donc pas nous vanter en croyant avoir changé les choses plus de 2 500 ans après les Incas ou même plus de 600 ans après l'arrivée des premiers explorateurs en Amérique.

L'histoire moderne

Au début du XIXe siècle, on s'intéresse de plus en plus aux vertus de la plante du coca. En 1859, le chimiste Albert Niemann réussit à isoler la substance active de la plante qu'il nomme : cocaïne. Ses vertus médicinales sont immédiatement mises à contribution. On l'utilise comme anesthésique, comme substitut à la morphine pour aider les morphinomanes (tel que suggéré par Freud, comme nous en avons déjà parlé) à quitter leur dépendance à cette drogue, comme remède contre les allergies comme les rhinites et même pour corriger certains troubles de personnalité comme la timidité et la déprime. Arthur Conan Doyle vante les effets de la cocaïne sur son personnage Sherlock Holmes, chez qui ladite substance exacerbe les capacités intellectuelles, l'aidant ainsi à résoudre les énigmes policières auxquelles il était confronté. La rumeur veut aussi que l'écrivain Robert Louis Stevenson ait écrit son fameux *Dr Jekyll and Mr Hyde* en trois jours seulement, sous l'effet de la cocaïne.

L'industrie alimentaire s'empare de la fameuse substance. La compagnie Coca-Cola produit un fameux élixir qui, selon sa publicité de l'époque (1886) est *un précieux tonifiant du cerveau et un remède contre les troubles nerveux.* Le précieux breuvage est fort utilisé par les grands propriétaires terriens qui le distribuent à leurs esclaves qui peuvent ainsi travailler plus longtemps, et ce, tout en consommant très peu de nourriture. En 1914, devant le chaos social ainsi déclenché, la compagnie Coca-Cola se voit contrainte de changer la formule de son breuvage en y enlevant complètement toute trace de cocaïne, qu'elle remplacera par de la caféine, un stimulant moins puissant et surtout moins dévastateur.

Ayant perdu ses lettres de noblesse, la cocaïne disparaît presque entièrement du marché. Elle réapparaît dans les années 1970 dans les classes plus huppées de la société, parmi les artistes, les hommes d'affaires, les avocats, etc. On l'appelait alors le « champagne des drogues ». Son usage se démocratise durant les années 1980, avec l'apparition du *crack* et du *freebase*, et n'a cessé de se répandre depuis.

La plante

Le nom scientifique de la plante de coca est *Erythroxylon Coca* qui, à l'origine (Khoca), voulait dire l'arbre par excellence. De la feuille de cet arbuste, plusieurs substances actives, chimiquement on appelle ces produits des *alcaloïdes*, peuvent être extraites. En tout, 14 alcaloïdes peuvent être produits à partir de la feuille de coca, dont la papaïne, un ferment qu'on utilise pour accélérer la digestion, l'higrine, dont les vertus sont utilisées pour améliorer la circulation sanguine et pour protéger du mal des montagnes, et la quinoline, qu'on utilise en mélange avec du calcium et du phosphore pour prévenir la carie dentaire. Évidemment le plus connu de ces alcaloïdes est la cocaïne.

Extraction de la cocaïne

Le principe d'extraction de la cocaïne est simple. Il s'agit de faire sécher les feuilles de coca. On mélange ensuite ces feuilles à du kérosène et de l'acide sulfurique additionné de chaux. On obtient ainsi la pâte de coca de couleur brunâtre. En ajoutant de l'éther à cette pâte, on obtiendra de fins cristaux blancs chimiquement appelés le chlorhydrate de cocaïne. Cette apparence lui a valu divers noms, notamment «neige» ou «cristal». La cocaïne ainsi obtenue est pure à près de 100 %. Sur le marché de la consommation, elle sera coupée à l'aide de

aucune goutte d'alcool dans cette demeure. Les mouvements Lacordaire et Sainte-Jeanne-d'Arc étaient soutenus par le clergé catholique. Puis, le 10 juin 1935, les Alcooliques Anonymes (AA) ont vu le jour à Akron (Ohio) aux États-Unis. Dix ans plus tard, le mouvement faisait son entrée au Québec et la première section française fut créée à Montréal en 1947. La rédaction des 12 étapes s'est faite en 1939.

La méthode AA

Les approches du traitement des dépendances tiennent à peu près toutes leur origine de celles préconisées par le mouvement des Alcooliques Anonymes. Il s'agit fondamentalement de 12 étapes que sera appelé à suivre le participant. Les cinq premières se veulent une prise de conscience de la dépendance, suivies d'un appel à une force spirituelle supérieure pour finalement amener le dépendant à des actions concrètes pour améliorer sa vie à l'aide des enseignements reçus. Au départ, plusieurs sont rebutés par la rigidité de la formule et d'autres par le recours à la spiritualité. Avant d'entreprendre l'examen de ces 12 étapes, examinons ces premiers obstacles.

La rigidité

Cet obstacle se heurte directement plusieurs traits de personnalité fort répandus chez les toxicomanes. D'une part, plusieurs éprouvent de la difficulté à se ranger du côté de l'ordre établi, la discipline n'étant pas particulièrement leur tasse de thé. Même les moins rebelles des drogués doivent tout de même se procurer leurs substances dans des milieux illégaux. S'astreindre à suivre une règle rigide ne fait pas exactement parti de leurs idéaux. De plus, particulièrement chez les adeptes de cocaïne, l'idée même de prendre le temps nécessaire pour franchir une série d'étapes ne fait pas partie de leur mode de fonctionnement coutumier. Ils préfèrent habituellement des solutions expéditives et des stimulations tout aussi rapides. Quand on veut vivre à 200 km à l'heure, on ne cherche pas habituellement des moments d'arrêt trop longs…

La spiritualité

Le matérialisme actuel ne laisse pas beaucoup de place à la spiritualité. De prime abord, plusieurs confondent spiritualité et religion et sont fort réticents à se lancer dans des bondieuseries. Ceux-là ne croient surtout pas qu'ils puissent ainsi se sortir de leur dépendance. Il faut leur rappeler, en les renvoyant au dictionnaire si nécessaire, que la spiritualité signifie tout simplement: ce qui n'est pas matériel. L'amitié, c'est de la spiritualité, l'espoir aussi, la bonté, la joie, etc. En fait, tout ce qu'on ne peut pas toucher, voir ou entendre est spirituel. Nous sommes loin des messes et des vêpres dans les églises de quartier.

La spiritualité est une dimension intrinsèque à l'être humain qui imagine, aime, pense et réfléchit. Il est certain que les questions spirituelles font de moins en moins partie du quotidien. L'un des avantages des religions est de les ramener régulièrement à la surface. Ne serait-ce qu'à la messe du dimanche d'autrefois, tout un chacun entendait parler de spiritualité et devait se questionner sur sa propre vision de celle-ci. Aujourd'hui, bien souvent, au lieu de se questionner sur le pourquoi d'un état dépressif que l'on vit depuis un moment plus ou moins long, on court chez le psy et on achète un assortiment de pilules qui règleront l'affaire. Pour un certain temps du moins… Le bonheur est une valeur spirituelle qui se matérialise pour certains sous forme de Valium, de Prozac, d'alcool ou de poudre. Il faut alors vraiment beaucoup de courage pour admettre qu'on doit se tourner vers la spiritualité pour retrouver la réalité, et beaucoup d'humilité pour accepter de se plier à la discipline d'une thérapie. Une fois ces obstacles franchis, il devient plus facile d'envisager objectivement les étapes proposées par les AA.

Il faut ici noter que toutes les thérapies n'adoptent pas nécessairement et rigoureusement ces 12 étapes. Certains centres n'en utilisent que quatre ou cinq qu'ils jugent plus importantes pour accompagner les thérapies qu'ils prodiguent. D'autres enfin n'y ont absolument pas recours et utilisent d'autres approches. En fait, il y a peu de centres de thérapie qui appliquent les 12 étapes telles qu'elles sont utilisées dans les groupes d'entraide comme les AA, CA (cocaïnomanes anonymes), NA (narcotiques anonymes), etc.

Plusieurs centres sont des communautés thérapeutiques qui ont établi un autre mode de fonctionnement. Cependant, que la thérapie dans un centre dure 21 jours ou 10 mois, il est toujours possible pour un résident de suivre en parallèle des réunions de groupe d'entraide où l'on applique le mode des 12 étapes.

Première étape : admettre son impuissance

C'est un préalable. Pendant plusieurs années, le toxicomane s'est menti à lui-même et a trompé tout son entourage. Avez-vous déjà entendu l'une ou l'autre des affirmations suivantes ?

- *Je n'ai pas de problèmes, ce sont les autres qui me fatiguent avec ça.*
- *Je ne fais de tort à personne.*
- *Je suis capable de m'arrêter quand je veux.*
- *Je ne consomme pas tant que cela.*

Cette façon de nier le problème ou de le minimiser doit être vaincue pour entreprendre une thérapie.

Deuxième étape : une puissance supérieure pourrait nous aider

Nous sommes encore ici dans l'admission du problème. En fait, l'individu est amené à constater qu'il est impuissant seul face à sa dépendance. On l'invite à faire appel à une force supérieure. Celle-ci peut s'appeler Dieu, Mahomet, Bouddha, Yahvé ou autre pour les croyants ; elle peut aussi signifier la force du groupe, son espoir dans la vie, la nature pour un non-croyant.

Troisième étape : se référer à cette puissance supérieure

Il s'agit de constater la conséquence des deux premières étapes. Si je suis impuissant face à ma dépendance et comme il existe une puissance supérieure qui peut m'aider, dorénavant je mettrai mes espoirs dans cette puissance. Je ne serai donc plus seul ni impuissant face à mon avenir.

Quatrième étape : l'examen de conscience

Ici, nous parlons d'élaborer une liste des forces et faiblesses en toute franchise. En montant dans une automobile, on examine à tout le moins le niveau d'essence avant d'entreprendre le voyage. Il serait assez imprudent de se lancer sur l'autoroute sans essence, ou avec des freins défectueux, une crevaison ou tout autre problème. L'examen de conscience consiste à explorer sans peur et avec la plus grande minutie les faiblesses de notre existence.

Cinquième étape : la confession

Le toxicomane est amené à confesser ses égarements à lui-même, à la force supérieure qu'il a identifiée et aux autres. Cet aveu constitue une action concrète vers la libération de la dépendance dont il est victime.

Sixième étape : la demande d'aide à la force supérieure pour améliorer sa personnalité

L'action consiste à demander à notre puissance supérieure de nous débarrasser de nos défauts de caractère.

Septième étape : la demande d'aide à la force supérieure pour améliorer sa volonté

Encore une fois, nous sommes dans le passage à l'action. Cette étape consiste à demander à la puissance supérieure identifiée la force de débarrasser l'individu de ses faiblesses.

Huitième étape : les excuses

L'action sort de soi-même et se dirige vers le prochain. Elle consiste à dresser la liste des personnes à qui on a fait du mal et à leur présenter de sincères excuses.

Neuvième étape : la réparation

Quand cela est possible sans nuire aux personnes à qui le mal a été fait ou à leurs proches, il faut réparer le tort commis.

Dixième étape : reconnaître ses torts

Les trois dernières étapes visent en quelque sorte à consolider les acquis. À cette étape, il s'agit d'adopter un code de conduite présente et future consistant à reconnaître ses torts chaque fois que cela a lieu d'être.

Onzième étape : améliorer sa relation avec sa puissance supérieure

Ayant reconnu l'existence d'une puissance supérieure et apprécié son aide, l'individu est appelé à approfondir la nature de sa relation avec celle-ci. Ce renforcement sera nécessaire chaque fois que la personne sera portée à revenir à son ancien mode de vie.

Douzième étape: enseigner et prêcher par l'exemple

L'individu qui réussit ainsi à demeurer sobre devient à son tour enseignant de la technique. Il peut faire bénéficier d'autres individus de son expérience, et ce faisant apprend à appliquer ces principes à toutes les facettes de sa vie personnelle.

La prière des AA

Prière de la sérénité
Mon Dieu,
Donnez-moi la SÉRÉNITÉ
D'accepter les choses que je ne puis changer,
LE COURAGE
De changer les choses que je peux,
et la SAGESSE
d'en connaître la différence.

La méthode AA a fait ses preuves au fil des années et est fort probablement la thérapie la plus utilisée dans les approches en toxicomanie et autres dépendances. Elle permet de réordonner les valeurs et de maintenir un objectif à long terme, car, pour ce mouvement, il s'agit de maladies incurables dont le traitement de choix consiste en une abstinence complète. Par contre, d'autres intervenants ne prônent pas cette théorie. Par exemple, le Centre Dollard-Cormier situé à Montréal propose dans certains cas bien choisis l'approche appelée: réduction des méfaits.

Le deuil d'une dépendance

En écrivant ces lignes, je ne peux que me rappeler la théorie du deuil anticipé de la psychiatre américaine Elisabeth Kübler-Ross[1]. Son emploi dans un hôpital lui a permis d'observer le comportement des patients à qui on avait annoncé leur mort imminente. Elle a pu distinguer cinq phases distinctes traversées par tous les patients. Chacun pouvait rester accroché plus ou moins longtemps à chacune des phases, mais tous les vivaient.

Étape 1 : le déni

Le patient se dit: « Ce n'est pas possible, on s'est trompé de diagnostic. Je n'y crois pas. »

Étape 2 : la colère

C'est la période du sentiment d'injustice, du « pourquoi ça arrive à moi ? ». On peut aussi reporter sa colère sur le médecin qui n'a pas trouvé la maladie à temps, sur le patron qui nous a trop stressé, sur Dieu qui nous a créé mortel, etc.

---

1. Elisabeth Kübler-Ross, *On Death and Dying*, Macmillan Publishing Co., New York, 1969.

Étape 3 : la négociation

Ici, le patient tente de négocier avec la vie une ou des faveurs en échange desquelles il acceptera le verdict. Ce sont des raisonnements du genre : « Si le bon Dieu m'accorde un an, pour que je voie ma fille terminer ses études secondaires, j'accepterai de mourir. »

Remarquez que c'est la première fois que le patient reconnaît qu'il va mourir. L'étape est utile puisqu'elle permet de considérer l'éventualité comme réaliste.

Étape 4 : la dépression

Devant l'échec des trois premières étapes à régler le problème, le patient va connaître un sentiment d'impuissance qui le déprimera.

Étape 5 : l'acceptation

Rendu à ce stade, le patient accepte, sans colère ni dépression, l'éventualité de son départ. C'est ici qu'il deviendra actif dans son traitement, préparera son testament, fera la paix avec les siens, etc.

Pour le plaisir de l'exercice, revoyons ces cinq étapes, mais dans l'objectif d'une personne qui sait qu'elle doit faire le deuil de la cocaïne, par exemple. Car fondamentalement, le toxicomane devra vivre plusieurs deuils. Il devra d'abord faire le deuil de la cocaïne, cette amie fidèle qui l'accompagnait dans sa vie, dans ses bons et mauvais moments. Puis il devra faire le deuil de ses amis de consommation. Ils avaient aussi des qualités. C'est finalement le deuil d'un mode de vie qu'elle connaît très bien auquel devra s'astreindre la personne qui choisit de ne plus consommer de drogues.

Étape 1 : le déni

Malheureusement, bien des gens vont rester accrochés assez longtemps à cette étape. Leurs phrases les plus fréquentes : « Je n'en prends pas si souvent » ; « Je peux arrêter quand je le veux » ; « Ça énerve les autres, moi je n'ai pas de problèmes avec la cocaïne » ; « Lui, c'est un junkie, pas moi » ; etc.

Plus vite on franchit cette étape, plus facile sera la thérapie. D'ailleurs, la première étape des AA consiste à admettre qu'on a un problème majeur et qu'on a perdu la maîtrise de sa vie.

Étape 2 : la colère

Ici, l'individu a compris qu'il est dépendant et en veut à tout le monde de cette situation dans laquelle il reconnaît peu ou pas sa responsabilité. C'est la faute de ses parents, de ses amis qui l'ont entraîné, de son allocation d'assurance-emploi qui est terminée, etc.

Étape 3 : la négociation

Elle peut revêtir plusieurs formes selon le tempérament du toxicomane. Ce pourrait être : « Je ne prendrai plus de coke, je vais m'en tenir à l'alcool » ou « Si je réussis à rester abstinent pendant deux semaines, c'est que je n'avais pas de problèmes avec la cocaïne ». Mais souvent la négociation retarde la thérapie, la personne promettant d'arrêter si son conjoint revient ou si elle se trouve un bon travail. Néanmoins, comme dans le cas du deuil réel, la négociation constitue la première forme d'admission du fait et de la responsabilité personnelle. Si je suis prêt à admettre que j'arrêterai de consommer si ma conjointe revient, je me rends compte de deux choses : que je devrai arrêter de consommer un jour et que c'est MA responsabilité de le faire.

Étape 4 : la dépression

Bien sûr, devant l'inefficacité des trois premières étapes, le toxicomane se rend compte de la difficulté à affronter la situation et de son impuissance à relever le défi. C'est ici que la spiritualité et l'effet des groupes d'entraide peuvent faire la différence. Avec le soutien de personnes qui ont traversé les mêmes épreuves et leurs encouragements, il devient moins difficile d'éviter la rechute.

Étape 5 : l'acceptation

L'acceptation est, bien entendu, l'objectif de toute thérapie. Accepter que je suis toxicomane, que je ne pourrai jamais plus consommer sans rechuter, permet d'amorcer un nouveau mode de vie et d'avoir le maximum de chances de le maintenir.

Comme dans le cas du malade à l'article de la mort, le toxicomane peut rester accroché plus ou moins longtemps à chaque phase. Il peut aussi passer de l'étape 2 à l'étape 3 pour ensuite régresser à l'étape 2. Mais deux facteurs sont encourageants dans cette démarche. Premièrement, on sait que plus rapidement on franchit une étape pour accéder à la suivante, plus rapide est la réhabilitation. Deuxièmement, quelle que soit la difficulté éprouvée durant une étape, sachant qu'elle ne constitue qu'un palier et non la fin du voyage, il est encourageant de continuer.

Lorsqu'une rechute se produit, il est possible de se rappeler ces cinq étapes et de les recommencer. En fait, la théorie de Kübler-Ross peut s'appliquer aux grands deuils comme aux plus petits.

En conclusion

Comme nous l'avons souligné, le toxicomane qui décide de cesser de consommer fait en quelque sorte plusieurs deuils. Il y a d'abord celui de la substance elle-même et des effets qu'elle engendrait. Pour plusieurs, quitter à tout jamais la cocaïne, l'alcool ou d'autres substances, c'est comme enterrer à tout jamais leur meilleur ami, le seul qui les a toujours accompagnés, leur consolation. Il s'agit d'un deuil difficile. Mais il y en a un autre, plus subtil et plus difficile à contrôler. Faire le deuil de la drogue ou de l'alcool, ou des deux à la fois, c'est aussi faire celui d'un mode de vie qui apportait certes bien des dommages et des misères, mais qui avait aussi sa part de joie et surtout procurait la douce sécurité de l'habitude. En abandonnant ce mode de vie, on quitte des amis. On change de lieux. On abandonne une série d'habitudes et de rituels qui ont constitué pendant tant de temps nos journées, nos semaines, notre vie.

C'est pourquoi il y a tant de rechutes. Mais il est possible aussi de se relever d'une rechute. On ne peut savoir s'il y en aura ni combien. Comme on le mentionnait au début de ce chapitre : *un jour à la fois.*

Chapitre 5

Les difficultés

> C'est parce qu'on imagine simultanément tous les pas qu'on devra faire qu'on se décourage, alors qu'il s'agit de les aligner un à un.
>
> MARCEL JOUHANDEAU

Nous voici maintenant à l'une des parties les plus épineuses à aborder. Plusieurs livres ont déjà été écrits sur le sujet et tout autant d'autres paraîtront sans être en mesure d'apporter de solutions définitives à la question. En fait, les problèmes sont nombreux et complexes.

Le cocaïnomane

L'une des premières difficultés, et non la moindre, est qu'il n'existe pas un profil défini de l'individu cocaïnomane. En d'autres mots, il n'existe pas une personne ou un type de personnes qui ont des problèmes avec leur consommation de cocaïne. La réalité est plutôt qu'il existe des milliers de personnes toutes différentes les unes des autres qui voient leur vie plus ou moins hypothéquée par leur dépendance. En théorie, il faudrait donc des milliers d'approches personnalisées pour répondre parfaitement à chaque usager. Pour complexifier encore plus les choses, rares sont les toxicomanes qui n'ont de problèmes qu'avec la cocaïne.

Nous l'avons vu, la cocaïne fait bon ménage avec l'alcool. D'une part, cette drogue augmente la soif, donc l'utilisateur aura tendance à vouloir apaiser son désir de boire, et d'autre part, l'alcool calme l'agitation provoquée par la coke et qui peut devenir difficile à supporter à certains moments. De plus, certains utilisateurs de cocaïne par injection vont mélanger de l'héroïne à de la cocaïne (*speedball*). Dans ce cas, la plupart du temps, les individus deviennent dépendants à plusieurs drogues dont l'alcool, la cocaïne, l'héroïne, etc. Nous rencontrons bien plus de polytoxicomanes que de cocaïnomanes, dont la seule dépendance est la cocaïne. Certaines de ces drogues créent des dépendances physiques très fortes, d'autres des emprises psychologiques très difficiles à combattre, d'autres enfin, comme la cocaïne, peuvent provoquer des dépendances à la fois physiques et psychologiques.

Les problèmes liés à la consommation et ceux de l'individu

Le toxicomane avait fort probablement des problèmes avant de se mettre à recourir aux drogues, à l'alcool ou aux deux à la fois. Dans la majorité des cas, il a commencé à consommer pour tenter de régler ses problèmes. Le timide maladif qui sent sa gêne naturelle s'estomper après une ou deux consommations d'alcool, risque fort d'avoir recours à ce moyen à chaque fois qu'il devra prendre part à des rencontres sociales. La jeune adolescente déprimée qui vit une situation familiale aberrante, un peu comme notre Nathalie du début, découvrira avec sa première prise de cocaïne une joie et une sensation de plaisir telles qu'elle n'en n'a jamais éprouvées avant. Le risque de recommencer est alors très grand. Donc, nous réalisons bien que le toxicomane a bien souvent de gros problèmes avant de devenir dépendant. La drogue devient pour lui son médicament, ce qu'il prend pour se guérir de son mal à l'âme.

Les problèmes engendrés par la consommation

À ces problèmes s'ajouteront ceux provenant de la consommation même. Un mode de vie total sera orienté vers l'assouvissement de la dépendance. Il faut trouver l'argent pour acheter la drogue. Et comme on en consomme de plus en plus, bien vite on se retrouve à chercher des moyens rapides d'en acquérir: prostitution, vol, fraude font partie de l'arsenal utilisé pour trouver l'argent nécessaire pour pouvoir consommer. L'individu se marginalise ainsi. Ses mensonges répétitifs lui font bientôt perdre parents et amis, et il se retrouve dans le milieu marginal des gens aussi mal en point que lui. L'escalade peut l'amener si loin que ce milieu devient pour lui la norme. Il lui sera très difficile de réapprendre à choisir ses valeurs et à les respecter.

Nous avons déjà mentionné, lorsque nous avons examiné la pyramide de Maslow, que ces personnes devaient réapprendre à échelonner leurs valeurs en fonction d'une réalité oubliée depuis un bon moment. Pour une personne qui vit dans la marginalité depuis 2, 5 ou 10 ans et parfois plus (par exemple quand elle est née et a grandi dans un milieu marginal), payer son loyer ne revêt pas la même importance que pour la majorité des individus de notre société. Voici donc un autre objectif de la thérapie.

Réinsertion sociale

Bien sûr, l'idéal serait une thérapie parfaite à la suite de laquelle le toxicomane ressort complètement guéri et est prêt à occuper une position enviable dans la société. Mais ici comme ailleurs, la perfection n'existe pas. Bien des maux, dont certains physiques, ne se guérissent pas dans l'état actuel de nos connaissances et de nos aptitudes.

Par exemple, on ne guérit pas une maladie comme le diabète, le mieux auquel on puisse arriver est d'apprendre à la personne à le contrôler. « Diabétique un jour, diabétique toujours. » Les comparaisons sont toujours un peu boiteuse, bien sûr, il ne faut jamais les prendre au pied de la lettre. La tendance en toxicomanie est de dire : « Toxicomane un jour, toxicomane toujours », car malheureusement les risques de rechute sont très grands. Il faut alors les prévenir et conseiller à ces personnes de ne pas sombrer dans le découragement et de reprendre, même si c'est difficile, leur thérapie.

De plus, il faut bien réaliser que, même si l'individu ne consomme plus de drogue, il aura d'autres problèmes à régler et sera souvent mal outillé pour le faire. Se trouver un emploi est plus difficile pour une personne qui a un casier judiciaire remontant à la période où elle se droguait. Les problèmes de relations interpersonnelles qu'elle rencontrait avant la thérapie risquent aussi de se reproduire. Ce n'est pas parce que j'ai suivi une thérapie que mes comportements ont nécessairement changé au point où je me fais désormais des tonnes d'amis. Si l'ex-toxicomane se décourage parce qu'il éprouve des problèmes à se refaire une vie, le risque de rechute augmentera.

Lorsque la personne a atteint un certain degré d'apprentissage dans un centre de désintoxication, on lui permet parfois de passer un week-end seule, en dehors du centre. Nous assistons ici au retour au centre de Nathalie après une telle fin de semaine.

> Nathalie revient d'une fin de semaine qui s'est mal passée selon elle. Elle ne s'est pas senti importante.
>
> «Je m'étais dit que Carl et moi allions regarder des films, qu'on allait parler de la lettre que je lui avais écrite. Mais rien de ça ne s'est passé. Je suis restée seule, ils sont tous partis pour Montréal. J'ai appelé ma mère, ma sœur, je voulais appeler ma marraine ici, mais je pensais que l'heure était trop avancée et je ne voulais pas la réveiller. Je ne pouvais pas manger, j'avais la nausée comme quand j'avais pris de la coke. J'ai couché Devin sans même lui faire se brosser les dents. C'était l'enfer. Et là je me suis sentie coupable».
>
> Autre pensionnaire: «Il n'y a pas eu que du mauvais. Moi aussi, ça m'arrive de ne pas lui faire se brosser les dents. Pour un soir, il n'en meurt pas. Il faut que tu te rappelles tout ce que tu fais pour lui en suivant ta thérapie, tous les sacrifices que tu t'imposes.»

Nathalie : « Quand ma mère m'a appris qu'elle ne serait pas avec moi, afin que je reste 24 heures toute seule, ce que je n'avais pas été capable de faire avant, j'ai paniqué complètement. »

Nous ne pouvons terminer ce chapitre sur les thérapies sans parler des proches du toxicomane, de ses parents, de son conjoint et de ses amis. Nous l'avons vu, les personnes les plus proches du toxicomane vont souffrir énormément de cette situation. Dans la plupart des cas, ils auront été déçus, trahis et souvent même volés par le toxicomane. Ils doivent, quand c'est encore possible et s'ils le désirent, prendre part au programme de désintoxication. Bien des centres offrent leur aide en ce sens.

Conclusion sur les thérapies

Sans pour autant que cela soit interprété comme une démission face aux objectifs fort louables de venir au secours des toxicomanes, force est d'admettre que la plupart des thérapies ne sont qu'un petit pansement sur les problèmes sociaux, familiaux, économiques et sanitaires que vivent les toxicomanes. Une société qui ne s'attaque pas de front aux problèmes de misère humaine qui la grugent assiste impuissante à une augmentation de la toxicomanie et de la criminalité. Il faudra un jour aborder et résoudre les problèmes liés aux iniquités sociales. Personne ne peut être condamné à vivre dans la plus grande misère sans vouloir un jour ou l'autre se donner ne serait-ce que l'illusion du bonheur.

Chapitre 6

L'ampleur du problème

> Il y a trois sortes de mensonges : les mensonges, les sacrés mensonges et les statistiques.
>
> MARK TWAIN

Même dans les autres domaines de la santé où les statistiques sont bien définies et vérifiables, la question du nombre de personnes atteintes m'a toujours paru secondaire. De savoir qu'une personne sur 10 aura un cancer un jour ou l'autre n'a pas du tout la même signification, selon que cette personne habite en Australie, est mon voisin, ou mon père ou moi-même. Il est assez inutile de savoir que vous avez 15 % de risques de mourir de telle ou telle maladie. Si vous en êtes mort, vous n'êtes pas mort à 15 %, vous l'êtes totalement.

Mais dans un domaine comme la toxicologie, la plupart des usagers ne s'inscrivent pas dans un registre quelconque et comme il n'y a pas de taxes prélevées sur la cocaïne, la seule façon d'établir un chiffre est par déduction. Les pages qui suivent sont extraites du document intitulé : *Portrait des consommateurs de cocaïne contemporains au Québec*[1].

TAUX DE PRÉVALENCE

Quel pourcentage de la population est touché par la consommation de cocaïne ? Voilà une question à laquelle nous aimerions bien répondre. Malheureusement, la réponse est beaucoup plus difficile à formuler que la question. Nous tenterons toutefois de brosser le tableau le plus fidèle possible de la situation québécoise à partir des données disponibles.

Une première façon d'estimer ce chiffre consiste à se référer aux données des grandes enquêtes nationales auprès de la population générale. Ainsi, les données recueillies par le Centre canadien de lutte à la toxicomanie (CCLAT) révèlent qu'en 1994, 4,9 % de la population résidant au Québec affirmait avoir déjà consommé de

1. Pascal Schneeberger, *Portrait des consommateurs de cocaïne contemporains au Québec*, Comité permanent de lutte à la toxicomanie, MSSSQ, mai 2000, p. 20-24

la cocaïne au cours de sa vie. Si on chiffre approximativement la démographie provinciale de l'époque à 6 millions d'habitants, cette proportion représentait 294 000 utilisateurs ayant déjà consommé de la cocaïne. Au Canada, deux fois plus d'hommes que de femmes étaient concernés par le phénomène (Centre canadien de lutte à la toxicomanie, 1999). Conscients que l'usage à vie ne donnait qu'une pâle approximation de l'ampleur du phénomène, l'enquête interrogeait également les interviewés sur leur consommation dans l'année précédent l'étude. Une proportion de 0,7 % de la population canadienne a admis en avoir consommé, soit deux fois plus que l'année antérieure. Au Québec, cette proportion était estimée à 1,2 % de la population, ce qui représentait 72 000 personnes si on se fie toujours à la même approximation. L'enquête Santé Québec réalisée en 1992-1993 présente des chiffres quelque peu supérieurs. Elle estime en effet que 6,2 % (345 127) des Québécois ont consommé de la cocaïne au cours de leur vi,e dont 1,9 % (103 422) l'année précédant l'enquête (Santé Québec, 1995). En 1991, une autre étude québécoise évaluait ces proportions à 4,1 % et 2 % respectivement (Moisan, 1991).

Lorsqu'on observe la consommation de cocaïne dans une population juvénile à plus haut risque, le portrait est quelque peu différent. Par exemple, une étude réalisée par Brochu & Douyon (1990) auprès d'une population placée dans cinq centres d'accueil de la région montréalaise révèle que 37 % de la clientèle a fait usage de cocaïne l'année qui a précédé l'étude et 8 % dans les 30 derniers jours. Une autre recherche réalisée auprès d'une population comparable indiquait que plus de 50 % des jeunes avaient déjà consommé de la cocaïne et que près de 20 % en avait fait autant avec le *crack* (Normand & Brochu, 1993). LeBlanc, Girard & Langelier (1996) rapportaient, quant à eux, que 72 % de la clientèle admise en traitement à Alternatives-Jeunesse indiquaient avoir consommé de la cocaïne au cours de leur vie, dont 40 % le dernier mois et 13 % la semaine précédant l'entrevue. Si on s'intéresse aux jeunes de la rue, 73 % déclarent avoir déjà consommé de la cocaïne et 52 % ont fait usage de *crack* un jour ou l'autre dans leur vie (Roy *et al.*, 1996). Seize pour cent d'entre eux déclarent avoir fait à la fois usage de cocaïne et d'héroïne au cours de leur existence. Enfin, 5 % rapportent un usage quotidien de cocaïne et 2 % consomment du *crack* tous les jours (Roy *et al.*, 1996).

La clientèle adulte comporte aussi ses groupes plus à risque d'une consommation élevée de cocaïne. La population carcérale est un de ces groupes-cibles. Ainsi, Brochu, Desjardins, Douyon & Forget (1992) indiquaient que chez les détenus masculins la cocaïne était la seconde substance psychoactive illicite la plus consommée à vie après le cannabis. Forget (1994) rapporte dans son échantillon de détenus incarcérés au Centre de détention de Montréal que 73 % d'entre eux avaient déjà consommé de la cocaïne. Chez les femmes incarcérées, près de 71 % déclaraient avoir déjà consommé de la cocaïne au cours de leur vie, 59 % l'année qui précédait l'entrevue et 51 % dans les 30 jours immédiatement avant leur entretien avec l'équipe de recherche, faisant de cette drogue la substance psychoactive la plus consommée après l'alcool (Brochu, Biron et Desjardins, 1996).

Malheureusement, la plupart des chiffres ci-haut mentionnés ne fournissent qu'une pâle indication du nombre total d'individus qui ont déjà fait usage de cocaïne (études de prévalence dans la population générale), ou font ressortir une proportion élevée de consommateurs abusifs à l'intérieur de sous-populations précises qui demeurent minoritaires.

Une autre façon d'estimer la proportion d'usagers de cocaïne serait de les comptabiliser à partir de sous-populations définies et de recouper les études entre elles. Ainsi, on estime qu'il existe quelque 23000 « injecteurs » de drogues par voie intraveineuse au Québec, dont près de 12000 dans la région de Montréal, si on se fie à l'étude de Remis et ses collègues (1998). La majorité des études qui se sont intéressées de plus près à ces populations ont évalué qu'entre 65 % et 90 % des individus la composant étaient des utilisateurs de cocaïne (Alary *et al.* 1998 ; Bruneau *et al.*, 1997 ; Centre québécois de coordination sur le sida, 1999 ; Godin *et al.*, 1999 ; Remis, 1998 ; Roy *et al.*, 1998). La variation de pourcentage entre les études semble s'expliquer en fonction de l'âge de la population étudiée, de la ville de résidence du consommateur, ainsi que de la notion de drogue de préférence par rapport à la consommation en général. Nous croyons pouvoir être assez près de la réalité en avançant que, si ces différents facteurs étaient contrôlés, nous obtiendrions une proportion se situant entre 75 % et 80 %. Selon ce qui est relaté dans *Livre Drogues : savoir plus, risquer moins* dans son édition de 2003, au moins 23000 Québécois s'injecteraient des drogues. De ce chiffre, 75 % à 80 % s'injecteraient de la cocaïne et entre 20 % à 50 % s'injecteraient de l'héroïne.

Toutefois, la consommation de cocaïne ne se limite pas aux usagers qui se l'injectent. En effet, la prise et, dans une moindre proportion, l'inhalation de cocaïne sont des modes de consommation beaucoup plus présents. Mais lorsqu'on essaie d'estimer ces populations, les chiffres avancés tiennent davantage de la spéculation que de la science. Par exemple, le mouvement des cocaïnomanes anonymes, sur la base de son « membership », estimerait qu'il existe quelque 40000 individus *dépendants* de la cocaïne au Québec (Ducas, 1999; Van Praet, 1999).

Malgré toutes ces parcelles d'information, nous revenons quand même au point de départ, à savoir qu'il est très difficile, voire impossible, de chiffrer le nombre actuel de consommateurs de cocaïne au Québec. Par contre, une chose qui semble plus évidente aux yeux des professionnels œuvrant dans le domaine de la toxicomanie, c'est que la cocaïne représente une des drogues avec laquelle leur clientèle éprouve le plus de difficultés, si on exclut l'alcool. En font d'ailleurs foi plusieurs études. Ainsi, selon les statistiques administratives du Programme Jeunesse du Centre Dollard-Cormier, 37 % des jeunes (jusqu'à 21 ans) qui présentent une demande de services le font en lien avec leur consommation de cocaïne (34 % chez les garçons et 41 % chez les filles). Chez les adultes, la proportion semble un peu plus élevée. Quoique n'ayant pas fait l'objet d'analyses approfondies, les statistiques administratives récentes du Centre Dollard-Cormier (région de Montréal) apportent un éclairage intéressant à la question. En effet, on retrouvait une consommation de cocaïne (surtout « sniffée ») dans près de 54 % des dossiers qui ont été ouverts durant l'année 2002-2003. Les chiffres incluent à la fois les mineurs et les adultes et parlent davantage de la consommation au moment de l'entrée en traitement que de la dépendance. Toutefois, à ce sujet, le Groupe de recherche et d'intervention sur les substances psychoactives-Québec (RISQ) a accepté de partager des données préliminaires recueillies auprès d'une population en traitement dans sept établissements de réadaptation de la province. À la lumière de ces données, on remarque que 45 % de la clientèle de ces centres indiquait éprouver des difficultés avec la consommation de cocaïne, seule ou en association avec l'alcool ou une autre drogue, au moment de leur admission en traitement. Cette proportion pourrait être encore plus élevée dans les centres de traitement privés, les quelques représentants interrogés mentionnant des proportions se situant entre 50 % et 65 %.

Les études de prévalence nous montrent donc que la consommation de cocaïne est une réalité qui touche plusieurs personnes au Québec, dans toutes les régions, et particulièrement dans certains groupes à risque. Par contre, les données dont nous disposons actuellement ne nous permettent pas de dessiner précisément les contours de l'étendue de la consommation de cette drogue dans notre province.

La cocaïne représente un marché de 35 milliards de dollars américains pour la Colombie et constitue la principale exportation de ce pays, devançant même le café. En 1997, on estimait qu'environ 1,5 million d'Américains en consommaient régulièrement[2].

2. www.cocaine-addiction.ca
Dernière consultation, décembre 2005.

Le lecteur qui voudrait en savoir plus long sur l'ampleur du problème pourrait consulter le document suivant : *Enquête sur les toxicomanies au Canada*, Centre canadien de lutte contre l'alcoolisme et la toxicomanie (CCLAT), mars 2005. Ce document est aussi disponible sur leur site web : www.cclat.ca

Conclusion

> Sur la terre, deux choses sont simples: raconter le passé et prédire l'avenir. Y voir clair au jour le jour est une autre entreprise.
>
> ARMAND SALACROU

C'est plutôt rare qu'un livre se termine par les mots: il était une fois... Pourtant nous vous proposons ici l'histoire de Roger.

Vers la fin des années 1960, il écumait les discothèques à la mode et il était difficile de compter tous ses succès auprès de la gent féminine. C'était un beau garçon, pas trop grand, juste ce qu'il faut. Il avait toujours rêvé de devenir pompier ou policier. Mais son père étant alcoolique, il ne se résignait pas à laisser sa mère seule avec ce dernier, ce qui lui aurait pourtant permis de suivre une formation à l'école de police de Nicolet. Alors, il fit une croix sur sa carrière et occupa plusieurs petits emplois où il réussissait somme toute fort bien. Son frère aîné épousa une femme qui faisait carrière comme gardienne de prison. Elle lui parla de cet emploi et notre jeune homme fut tout fier de poser sa candidature. Elle l'aida même à préparer son entrevue. Roger obtint le poste de gardien de pénitencier, et il n'était pas d'hommes plus fiers que lui en ville. Quelques mois plus tard, son père mourut des suites d'un diabète devenu incontrôlable, car il n'avait jamais cessé de s'enivrer.

Après quelques années de travail, Roger avait une belle situation, une automobile neuve et un bel appartement. Il rencontra une jeune fille et l'épousa. Il était beau le jour de ces noces, sa mère n'était pas peu fière. Mais contrairement aux contes de fées, ils n'eurent pas le temps d'avoir de nombreux enfants. En fait, et à la lumière de ce qui s'est passé après, heureusement, ils n'en eurent aucun. La vie nous joue parfois de sales tours. Ce qui s'annonçait comme une promotion inespérée se transforma en désastre pour le jeune couple.

Un nouveau pénitencier venait d'ouvrir ses portes dans une région fort éloignée des grands centres. On offrait à Roger un poste plus élevé, une augmentation de salaire substantielle et on défrayait même l'installation du jeune couple dans le village voisin.

Nos tourtereaux acceptèrent tout de go et sautèrent dans le premier avion les menant dans leur nouveau paradis. Ils avaient de quoi se payer la plus belle chaîne stéréo, le plus gros téléviseur et chacun une automobile du modèle de l'année. Quel bonheur de pouvoir se payer tout ce qu'on a désiré pendant si longtemps !

Les paradis terrestres ont tendance à ne pas être éternels, et quelques mois après avoir commencé leur nouvelle vie, l'ennui commença à gagner d'abord la conjointe qui se trouvait loin de sa famille, de ses amies et qui n'avait pas d'emploi. Roger rentrait du boulot souvent épuisé et il n'avait pas souvent envie de franchir les quelque centaines de kilomètres qui les amèneraient dans la grande ville la plus proche pour se divertir, danser, ou aller au cinéma ou au restaurant.

Un soir, Roger rentra chez lui et trouva la maison bien vide. Son épouse avait pris armes et bagages et avait décidé de demander le divorce. Roger continua pendant un certain temps son travail comme si de rien n'était. Puis, un soir, il décida d'aller danser en ville, question de se distraire. Au bar, il rencontra des copains. Alors qu'il disait qu'il se sentait fatigué parce qu'il avait pris quelques bières, un bon Samaritain l'initia à la prise de cocaïne. Roger trouva l'effet extraordinaire. Comme il occupait un poste bien rémunéré, l'achat de cocaïne ne présentait pas un problème majeur pour lui. Il lui arrivait souvent de payer la traite aux filles et à ses amis du coin. C'est fou ce que Roger pouvait avoir comme amis. Ils étaient aussi nombreux qu'insatiables. Mais comme Roger consommait de plus en plus, son salaire n'arrivait plus à couvrir ses dépenses.

La descente commençait. Il commença par vendre sa maison. « Après tout, vivant seul, qui a besoin d'une si grande maison ? » s'était-il dit. Mais une fois les maigres profits dépensés en poudre et en alcool, le problème du manque d'argent réapparut de plus belle. Un autre bon Samaritain lui suggéra l'idée du siècle. Comme il était gardien du pénitencier, il lui serait facile de faire entrer de la drogue à l'intérieur de la prison et de gagner beaucoup d'argent. Roger ne se rendait pas compte combien il perdait en estime de lui en se livrant à ce marché. Il avait été si fier d'obtenir ce poste. C'était là l'idéal de toute sa jeunesse. Mais le besoin de cocaïne l'emportait sur toute autre considération.

Bien sûr, Roger finit par se faire prendre et comme le service pénitentiaire ne tenait pas à faire trop de publicités sur l'événement, on offrit à Roger de quitter volontairement et surtout discrètement son emploi en démissionnant de ses fonctions. En échange, on lui remettait une prime équivalente à six mois de salaire et tout l'argent amassé dans son fonds de retraite au cours de ses cinq années de service.

Pour Roger, c'était le pactole. Il revint à Montréal, s'acheta un immeuble d'appartements délabré du centre-ville et y démarra une *piquerie*. Connaissant bien ce milieu maintenant, il allait, à son avis, devenir riche bien vite, tout en pouvant se procurer sa cocaïne à meilleur prix. Bien nanti et bien organisé, il était à l'abri des coups durs. Du moins le croyait-il.

Mais, il se fit voler deux ou trois fois, et quelques descentes de police firent bientôt fuir sa clientèle. Il ne restait que quelques *junkies*, des habitués qui payaient mal d'ailleurs. Un soir de découragement,

Roger prit sa seringue et s'injecta un *speedball.* Tout en injectant le précieux liquide, il réalisa qu'il venait de faire une erreur. Il n'avait pas pris SA seringue, mais celle d'une de ses rares clientes. Le hic est que Roger savait pertinemment qu'elle était atteinte du VIH. Ce qu'il ignorait, mais qu'il attrapa quand même en prime, ce fut une hépatite.

Quelques mois plus tard, une nouvelle descente de police ferma définitivement la baraque. Roger commençait alors une troisième étape de sa descente aux enfers : l'itinérance. Sa mère mourut dans l'année, il ne le sut jamais.

Ce n'est que deux ans plus tard que la sœur de Roger sut enfin où il était. Un hôpital la contacta pour l'informer qu'il y avait été admis, comateux et ayant été sauvagement battu. Les tests démontraient qu'il était séropositif au VIH et à l'hépatite.

Aujourd'hui, huit ans après ces événements, ne cherchez plus le beau jeune homme des années 1960, ni même un bel homme mûr. Vous allez peut-être rencontrer Roger, les joues creusées par les médicaments et la misère, le crâne dégarni, quêtant dans le centre-ville de quoi se payer son prochain gramme. Il lui arrive parfois de penser encore à la belle époque où il a été presque policier. Il a alors bien hâte qu'un généreux piéton lui glisse les 2 dollars qui lui manquent pour se payer sa prochaine injection, pour croire encore une petite demi-heure qu'il est beau, riche et puissant.

L'histoire de Roger illustre un autre cas qu'on rencontre souvent et qui démontre que nul ne put se prétendre à l'abri de ces pièges. Il n'avait pas eu une enfance aussi malheureuse que Nathalie ou Alain que nous avons rencontrés dans ce livre. Son père, il est vrai, a été alcoolique durant toute sa vie, mais il a quand même occupé un bon emploi dans les chemins de fer, ce qui lui a permis de bien faire vivre sa famille. Roger était bien parti dans la vie, occupant l'emploi dont il rêvait. C'est vers l'âge de 35 ans que tout s'est mis à déraper.

Encore aujourd'hui, Roger comprend mal ce qui lui est arrivé. Il roulait dans le véhicule utilitaire sport de l'année, il avait une grosse maison, une belle épouse, un cinéma-maison, les jeux vidéo à la mode, un bateau amarré au bord du fleuve. Puis, plus rien… Il n'a jamais suivi de thérapie. Depuis 10 ans maintenant qu'il a appris qu'il est séropositif, il sait qu'il va mourir bientôt. Il en était certain quand il l'a appris et il l'est encore aujourd'hui, et ce, même s'il est toujours vivant. De toute façon, il est sûr qu'il ne réussira jamais à retrouver tout ce qu'il a perdu. « Alors à quoi bon ! » se dit-il.

Nous sommes, comme nous le disions au début de ce livre, dans l'ère de l'avoir. Roger a perdu ce qu'il avait et il semble que personne ne lui ait jamais enseigné qu'il devrait être bien avant d'avoir des biens. Le jour où il le comprendra, il suivra une thérapie et aura enfin sa vraie chance d'accéder non pas à la richesse ou à la gloire, mais à un peu de bonheur aussi réel cette fois-là que vrai.

Bonne chance Roger !

Annexe

Liste des ressources

Section 1
Centres de thérapie ayant participé à la série *Vice caché*

Centre Portage

Site Web: www.portage.ca/fr

Les programmes offerts au Centre Portage s'inspirent du concept de la communauté thérapeutique: l'entraide mutuelle et l'autosuffisance. Les programmes visent fondamentalement la croissance personnelle et la vie sans drogues.

Durée de la thérapie: les programmes durent de 8 à 10 mois en moyenne, selon les besoins

Voici quelques programmes offerts:

- Programme pour adultes
- Programme pour adolescents
- programme mère et enfants

- Programme pour toxicomanes souffrant de troubles mentaux

Voici les coordonnées des différents points de service:

Portage Prévost
1790, chemin du lac Écho
Prévost (Québec) J0R 1T0
Tél.: 450 224-2944
Téléc.: 450 224-8673

Portage Québec
150, rue Saint-Joseph Est
Québec (Québec) G1K 3A7
Tél.: 418 524-6038
Téléc.: 418 524-4129

Portage Montréal
865, square Richmond
Montréal (Québec) H3J 1V8
Tél.: 514 939-0202
Téléc.: 514 939-3929

Portage Beaconsfield
141, avenue Elm
Beaconsfield (Québec) H9W 2E1
Tél.: 514 694-9894
Téléc.: 514 694-5355

Portage Saint-Damien-de-Buckland
55, rue Saint-Gérard
Saint-Damien-de-Buckland (Québec) G0R 2Y0
Tél. : 418 789-2997
Téléc. : 418 789-2999

Centre Dollard-Cormier

Site Web : www.centredollardcormier.qc.ca

Le Centre Dollard-Cormier est un centre public de réadaptation qui offre de nombreux services en toxicomanie visant à réduire les méfaits de la consommation des drogues et à améliorer l'état de santé et la situation des personnes alcooliques et toxicomanes de la région de Montréal. Voici un aperçu des programmes offerts :

- Programme adulte
- Programme jeunesse
- Programme 55 ans et plus
- Programme jeu excessif
- Service de désintoxication

Siège social
950, rue de Louvain Est
Montréal (Québec) H2M 2E8
Tél. : 514 385-0046
Télec. : 514 385-0662

Clinique Nouveau Départ

Site Web : www.cliniquenouveaudepart.com

La Clinique Nouveau Départ est un centre de traitement privé qui offre des services internes et externes spécialisés aux personnes aux prises avec des problèmes d'alcoolisme, de toxicomanie ou d'autres formes de dépendance.

Durée de la thérapie : programme intensif de sept semaines.

1851, rue Sherbrooke Est
Bureau 1003
Montréal (Québec) H2K 4L5
Tél : 514 521-9023
Télec. : 514 521-1928

Maillon de Laval

Le Maillon de Laval est un centre public de réadaptation qui offre de nombreux services en toxicomanie visant à réduire les méfaits de la consommation des drogues et à améliorer l'état de santé et la situation des personnes alcooliques et toxicomanes de la région de Laval. Le modèle d'intervention des programmes est basé sur un processus motivationnel. Voici un aperçu des programmes offerts :

- Programme adulte
- Programme jeunesse
- Programme bel âge
- Programme méthadone

- Programme jeu excessif

308, rue Cartier Ouest
Laval (Québec) H7N 2J2
Tél: 450 975-4054
Fax: 450 975-4053

Maison Choix et Réalité des Laurentides

Cette maison de thérapie est une communauté thérapeutique qui aide les personnes dépendantes à l'alcool et aux drogues à cesser de consommer et à revoir leurs attitudes et leurs comportements.

Durée de la thérapie: deux programmes sont offerts: le programme court de six semaines et le programme long de cinq mois.

41, rue du Club
La Minerve (Québec)
Tél.: 819 274-1123
Télec.: 819 274-1125

Maison L'Épervier

Site Web: www.maisonlepervier.com

Maison de thérapie et de réinsertion sociale pour toutes personnes dépendantes (alcool, drogues, médicaments, troubles compulsifs) offrant une approche biopsycho-sociale.

Durée de la thérapie: de quelques semaines à six mois, selon les besoins.

820, rue Luc
Saint-Alphonse-Rodriguez (Québec) J0K 1W0
Tél. : 450 883-6964
Télec. : 450 883-1999

Maison Mélaric

La Maison Mélaric est un centre de réhabilitation pour alcooliques et toxicomanes. L'approche de la maison qui s'inspire du modèle systémique promeut une immersion en communauté thérapeutique.

Durée de la thérapie : séjour de sept mois échelonné sur cinq étapes.

49, route du Long-Sault
Saint-André-d'Argenteuil (Québec) J0V 1X0
Tél. : 450 537-3344
Ligne sans frais : 1 800 663-3784
Télec. : 450 537-3510

La Maisonnée de Laval

Programme thérapeutique à l'interne basé sur la philosophie des 12 étapes. Approche biopsychosociale.

Durée de la thérapie : de 21 à 28 jours.

2255, rue Bienville
Laval (Québec) H7H 3C9
Tél. : 450 628-1011
Télec. : 450 628-8383

Centre Cafat

Site Web: www.cafat.qc.ca

Le centre Cafat est un centre de prévention et de traitement de la codépendance et des multiples dépendances telles que la dépendance affective et émotive, le jeu et le magasinage excessifs, la cyberdépendance, les compulsions sexuelles et alimentaires, l'abus d'alcool et de drogue.

1772, boulevard des Laurentides
Laval (Québec) H7M 2P6
Tél.: 450 669-9669
Télec.: 450 669-8199

La Maison Jean Lapointe (pour adultes)

111, rue Normand
Montréal, (Québec) H2Y 2K6
Tél.: 514 288-2611
Ligne sans frais: 1 800 567-9543

Centres pour les ados:

Centre Le Grand Chemin (Montréal)

950, rue Louvain Est
Montréal (Québec) H2M 2E8
Tél.: 514 381-1218
Téléc.: 514 381-1247

Centre Le Grand Chemin (Québec)
1, avenue du Sacré-Cœur
Québec (Québec) G1N 2W1
Tél. : 418 523-1218
Téléc. : 418 523-0210

Centre Le Grand Chemin (Mauricie)
465, rue Houde, Saint-Célestin (Québec)
J0C 1G0
Tél. : 819 229-2018
Téléc. : 819 229-4008

Section 2
Ressources d'aide

Drogue : Aide et référence
Site Web : www.drogue-aidereference.qc.ca

Il s'agit d'une ligne téléphonique pour personnes en difficulté. Des renseignements sur la problématique des drogues sont aussi offerts.

Région de Montréal : 514 527-2626
Ailleurs au Québec : 1 800 265-2626

Groupe d'entraide Alcooliques Anonymes
Site Web : www.aa-quebec.org

L'association des Alcooliques Anonymes (AA) est un regroupement à caractère spirituel dont les réunions sont animées par les membres afin de régler leur problème d'alcool. Le programme des AA est basé sur les 12 étapes.

Tél. : 514 376-9230

D'autres groupes d'entraide

Il existe de nombreux groupes d'entraide s'inspirant des groupes AA.

Voici quelques références.

Cocaïnomanes Anonymes

Site Web : www.ca.org/francais/index.html

Tél. : 514 527-9999

Narcotiques Anonymes

Site Web : www.naquebec.org

Tél. : 514 490-0333

Ligne sans frais 1 800 879-0333

Section 3

Où trouver une maison de thérapie ?

Dans toutes les régions du Québec, il existe des maisons de thérapie pour vous aider à vous libérer de vos problèmes de dépendance.

Nous ne dressons pas ici une liste exhaustive des maisons de thérapie au Québec, mais nous vous proposons quelques références vous permettant de trouver la maison de thérapie et l'approche qui vous convient.

Fédération québécoise des centres de réadaptation pour personnes alcooliques et autres toxicomanes

Site Web: www.fqcrpat.qc.ca

Seul réseau provincial entièrement consacré aux personnes alcooliques et toxicomanes, la Fédération représente une vingtaine d'établissements et organismes à l'échelle du Québec.

Tél.: 514 287-9625

Association des intervenants en toxicomanie du Québec (AITQ)

Site Web: www.aitq.com

Site de l'Association des intervenants en toxicomanie du Québec portant sur la prévention de la toxicomanie et offrant de nombreux hyperliens d'intérêt.

Tél.: 450 646-3271

Le ***Ministère de la Santé et des Services Sociaux*** (MSSS) du Québec a mis sur pied une liste des centres de thérapie certifiés. Il s'agit d'un programme volontaire. Les organismes qui ont terminé le processus d'évaluation respectant les normes gouvernementales se voient décernés une certification. Cependant, cela n'indique pas que les centres qui ne font pas partie de cette liste n'offrent pas de bons services. On peut consulter cette liste par région sur le site du MSSS.

Site Web : www.msss.gouv.qc.ca/sujets/prob_sociaux/alcool_toxico. html

Section 4
Où trouver de l'information ?

Toxquebec. com

Site Web : www.toxquebec.com

Ce site est une initiative du Regroupement Maison Jean Lapointe et Pavillons du Nouveau Point de Vue, en collaboration avec la Direction des Programmes de formation en toxicomanie de l'Université de Sherbrooke. Il offre des questionnaires d'autoévaluation en matière de dépendances diverses, des forums de discussion et une bibliothèque virtuelle.

Il fournit à toute personne qui s'intéresse à l'alcoolisme, à la toxicomanie, au jeu et aux autres phénomènes qui leur sont liés, une source d'information de qualité, facilement accessible. Le visiteur pourra y trouver les renseignements qui répondront à la plupart de ses interrogations, ainsi qu'une liste des centres de thérapie des diverses régions du Québec.

Centre québécois de lutte aux dépendances

Site Web : www.cqld.ca

Organisme gouvernemental qui a pour but principal de conseiller le gouvernement à propos de la toxicomanie.

Parlons drogue

Site Web : www.parlonsdrogue.org

Ce site du ministère de la Santé et des Services sociaux du Québec s'adresse particulièrement aux jeunes et à leurs parents. Il donne une multitude de renseignements sur les différentes drogues, leurs effets et les comportements liés à leur consommation.

Note

Les informations données dans la section « Ressources » ne reflètent pas forcément l'opinion de la maison de production face à l'alcoolisme et à la toxicomanie. Elle regroupe plutôt un ensemble d'idées et d'opinions exprimées par différents auteurs et acteurs qui s'intéressent aux dépendances et aux autres phénomènes qui leur sont liés. Les adresses et liens sont suggérés pour vous permettre d'accéder à plusieurs sources d'information sur le sujet.

Cet ouvrage a été composé en Century corps 13/16
et achevé d'imprimer sur les presses
de Quebecor World L'Éclaireur/Saint-Romuald, Canada,
en septembre 2006.